AF254113

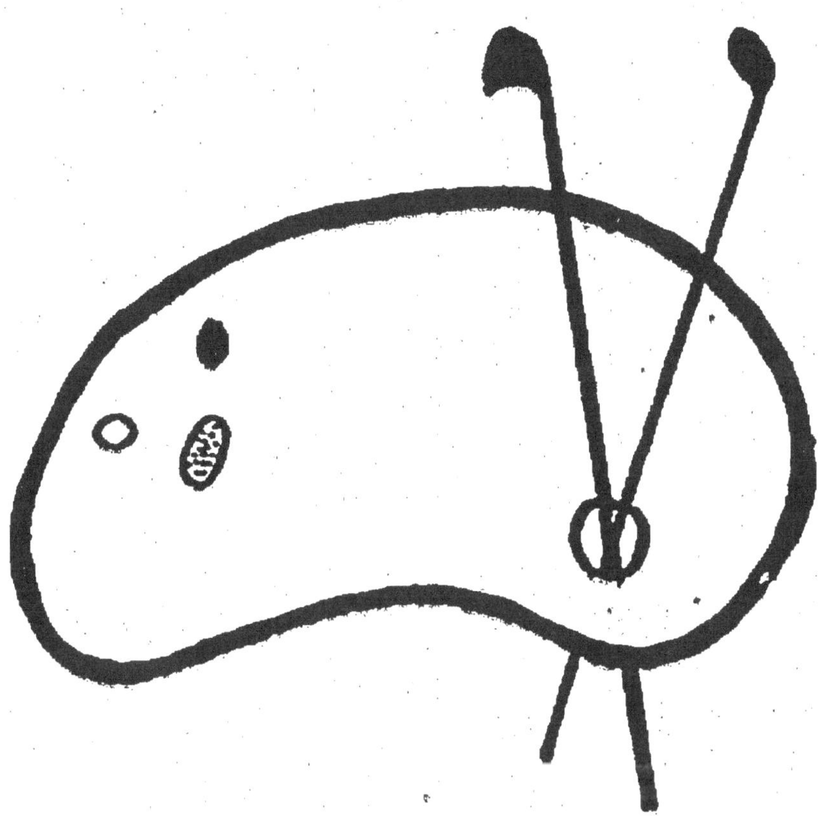

DEBUT D'UNE SERIE DE DOCUMENTS
EN COULEUR

Paul Penet

JOURNAL DE MISSION DANS LE TIFNOUT

(HAUT-ATLAS MAROCAIN)

LE MASSIF DU TOUBKAL

ET

LE LAC IFNI

TUNIS

SOCIÉTÉ ANONYME DE L'IMPRIMERIE RAPIDE DE TUNIS

5, rue Saint-Charles, 5

1919

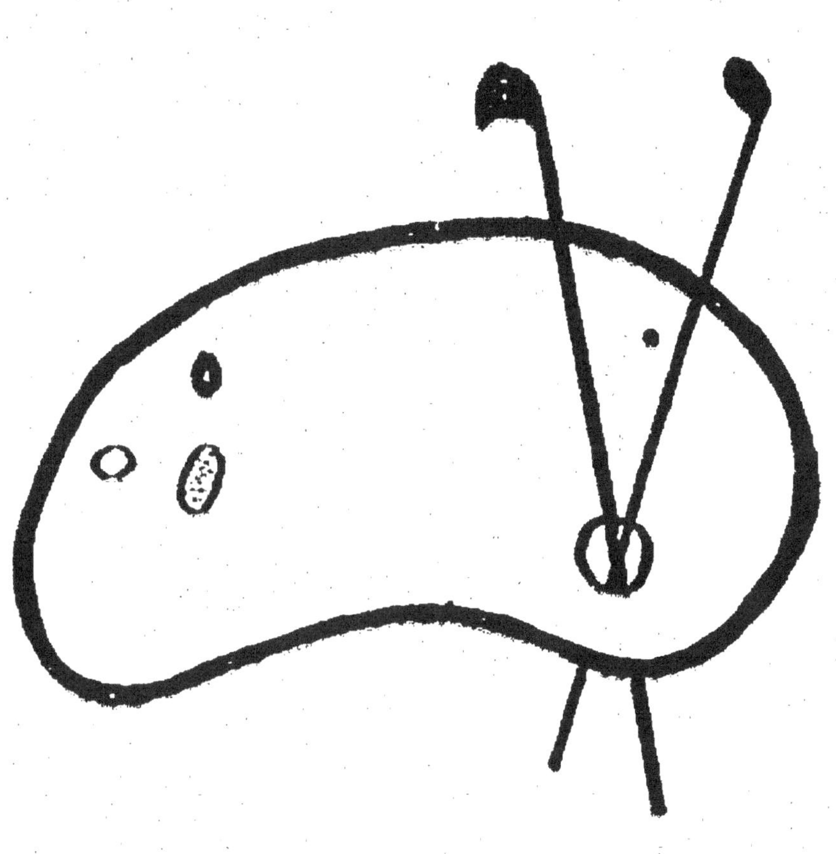

FIN D'UNE SÉRIE DE DOCUMENTS
EN COULEUR

PAUL PENET

JOURNAL DE MISSION DANS LE TIFNOUT

(HAUT-ATLAS MAROCAIN)

LE MASSIF DU TOUBKAL

ET

LE LAC IFNI

TUNIS

SOCIÉTÉ ANONYME DE L'IMPRIMERIE RAPIDE DE TUNIS

5, rue Saint-Charles, 5

1919

JOURNAL DE MISSION DANS LE TIFNOUT

(HAUT-ATLAS MAROCAIN)

11 juillet 1917.

L'étape d'aujourd'hui fut courte. En quatre heures d'une marche alourdie par un soleil de plomb fondu, nous avons franchi les quinze kilomètres qui séparent le cirque des Aït-Mézane du village d'Asni. Nous nous sommes arrêtés sur le bord du Riraya, le beau torrent qui a donné son nom à la vallée et à la tribu.

Il est midi, l'heure brûlante et silencieuse des étés d'Afrique. Sur la pelouse où nous bivouaquons, drue comme un pré de Normandie, l'ombre fraîche des noyers, hachée de lumineux rais verticaux, fait oublier aux hommes comme aux chevaux la fatigue et le siroco. Tous sommeillent. Seul Si Hassen ben Hamou, l'envoyé du caïd des Seklana, ne dort pas : la chaleur, le jeûne du Rhamadan, l'accueil équivoque des Aït-Mézane, les plus lointains des administrés de son maître, lui ont fait perdre son sourire et son calme. Aussi bien sommes-nous trop nombreux. Ce ne sont plus deux inoffensifs promeneurs, chercheurs d'insectes et de fleurs, qui viennent visiter la montagne, c'est une expédition véritable. Un capitaine topographe du Service des Renseignements de Marrakech nous a été adjoint et il était accompagné de deux mokhazni. Un envoyé du pacha Si El Hadj Thami Glaoui, un envoyé de Si El Madani, deux muletiers porteurs de provisions et de couvertures; tout cela représentait, avec M. Leroy, ingénieur agronome, et moi, dix personnes et neuf montures.

L'hospitalité des Berbères de l'Atlas n'est pas celle des cavaliers de grande tente. Le Chleuh va à pied, il est pauvre, quémandeur et rapace. Malgré la générosité de nos pourboires, tant de monde à héberger est une calamité pour une Djemaâ.

Quant à moi, j'avais été reconnu. Que voulait cet étranger questionneur, déjà venu il y a deux mois ? Mon insistance à revenir dans ces rudes montagnes ne pouvait que doubler la méfiance de gens ombrageux de tempérament.

Tous les villages des Aït-Mézane, en rond autour de nous, semblent nous dévisager sans bienveillance. Voici Taourirt perché sur les débris d'un piton éruptif, Tagadirt construit sur une falaise de boue et de cendre que le torrent ronge sans relâche, Oum-Ziken où deux mois avant j'avais attendu une heure à l'entrée du village que la Djemaâ voulût bien nous recevoir; Tamàdert, Targa-Imoula. Personne aux terrasses ni sur les « henit » (pièces ouvertes en balcon). Ce n'est plus la curiosité amicale qui groupait autour de nous vingt femmes et enfants, c'est une hostilité fermée, muette, dédaigneuse.

Si Hassen ben Hamou ne s'y est pas trompé. De longs palabres ont résolu la question de l'abri. C'est à Targa-Imoula, tout près d'ici, que nous passerons la nuit; mais où achèterons-nous de l'orge pour les bêtes ? Apportera-t-on ce soir, au coucher du soleil, le repas de nos hommes ? Le mokaddem de Sidi Chamharouch, esprit délié et politique, est venu d'Arremd pour offrir ses services. Si Hassen parlemente toujours. Espérons que tout se passera bien.

Quatorze juillet ! Qui donc se doute ici que les nôtres célèbrent à cette heure la fête nationale ? Saura-t-on jamais chez les Chleuh de l'Atlas ce qu'est la France, pourquoi elle souffre et saigne ? Ces communautés montagnardes minuscules conçoivent-elles une grande nation en péril ?

Comme ici on est loin de tout et de tous ! On perd toute notion de temps et de lieu. Sommes-nous à l'âge de la pierre ? Sommes-nous dans une république de l'Arcadie, dans une province du Caucase ou des Andes chiliennes ?

Depuis combien de milliers d'années les mêmes rigoles courent-elles aux flancs des mêmes rochers ? Depuis combien ces durs montagnards vivent-ils, luttent-ils, aiment-ils, souffrent-ils dans ce coin ignoré de notre planète, ignorant eux-mêmes toutes les rumeurs qui viennent expirer à l'orée de leurs vallées ? Où le fil de l'Histoire a-t-il commencé pour eux ?

Le siroco s'apaise. Le ciel se voile d'une mousseline. Je quitte mes compagnons et je vais visiter la cascade d'El-Arbaïn. C'est un ruisseau qui descend des flancs de l'Amserdine et qui se jetterait dans le Riraya s'il n'était auparavant capté et dirigé sur les champs. Une autre séguia, issue du Riraya, vient couper le ravin au-dessous de la cascade. Le sol, pétri des lapilli et des cendres d'une cheminée volcanique, est si friable qu'il a fallu construire une galerie souterraine dallée pour livrer passage au canal. Tout autour, ce ne sont que rocs anguleux de laves et de porphyres. Trois cheminées d'éruption, cendre grise avec cerne de tufs rougeâtres, sont encore reconnaissables.

Le bourrelet sur lequel est construit Arremd n'a pas une struclure bien claire. Je ne l'ai pas suffisamment étudié pour émettre une opinion définitive. Barrant la vallée, il fit jadis un lac de ce qui est aujourd'hui la pleine caillouteuse d'Arremd, c'est tout ce qui m'a semblé certain. Quant à son origine, écroulement de pitons volcaniques, sans doute, et peut-être remaniements glaciaires postérieurs.

Une gorge chaotique, où mugit et cascade le Riraya, coupe aujourd'hui le bourrelet. Un jeune Berbère y pêche des truites. Il m'aperçoit et me montre orgueilleusement son engin, une épingle recourbée au bout d'une ficelle, et une truite qu'il vient de prendre. « Il n'en existe, me dit-il, que depuis Sidi-Chamharouch jusqu'aux Aït-Mézane. » Ce serait entre les altitudes 2.300 et 1.800 mètres.

Ce pêcheur me fait souvenir de l'incident comique qui marqua mon départ d'Arremd en mai dernier. Rentré au village après une journée d'alpinisme, je manifestai le désir de voir un des poissons qu'on m'avait dit abonder dans le torrent du Riraya. Si Hassen ben Hamou, qui avait déjà eu mission de m'accompagner à mon premier voyage, était pressé de partir; il m'assura qu'il n'en existait pas, puis, se tournant vers les guides, il apostropha vertement le malheureux qui avait eu la sottise de me donner l'indication. Il parlait en chleuh et je ne devinai le sens de ses paroles qu'au jeu des physionomies. Alors j'arrêtai le flot d'imprécations, et m'adressant à l'assistance, je répétai en arabe que je désirais un échantillon du poisson et que je ne quitterais leur village qu'après l'avoir reçu. J'offrais un demi-douro pour le premier qu'on apporterait. Tandis que quelques assistants s'éclipsaient sans bruit, le cheikh et l'envoyé du caïd me démontraient, clair comme le jour, qu'il n'existait pas de poisson dans le torrent, et qu'y en eût-il, il faisait trop froid pour qu'on en pût capturer. Ils parlaient encore qu'un jeune Chleuh accourait tout essoufflé et me donnait une belle truite saumonée encore frétillante. Consternation générale. Il empoche son demi-douro et disparaît. Puis il en vint un autre, puis deux, puis cinq, tous apportant leur poisson. Le prix baissait. Je ne payais plus qu'un guirch et l'on en apportait toujours. J'étais submergé. Je pris le parti de donner vivement le signal du départ.

Le Riraya a baissé de plus de moitié depuis le mois de mai. Pourtant, il alimente encore surabondamment les prises d'eau des Aït-Mézane. Faites de grosses pierres à peine assemblées, elles sont quelquefois protégées par d'autres rochers disposés un peu en amont, à intervalles réguliers et formant brise-courant. Le canal court ensuite entre les blocs monstrueux de porphyre, tantôt accroché aux parois, tantôt s'insinuant dans les intervalles. On voit encore les vestiges d'une rigole très ancienne que l'on avait aménagée en tunnel pour éviter une falaise difficile. Toujours émouvant, ce patient et prodigieux travail des montagnards qui savent dompter les eaux avec un instinct de castor et des moyens de l'âge de pierre.

Le soleil se couche de bonne heure dans ces vallées profondes, mais le crépuscule des montagnes dure plus que celui des plaines. Le siroco tombe tout à fait; la douceur d'un soir de Provence nous enveloppe. Tandis que nos hommes amènent les animaux à Targa-Imoula, nous nous y rendons à pied par un sentier bordé de murettes. A travers les sureaux et les ronces, nous jetons un coup d'œil sur les cultures des Aït-Mézane. Pauvres gens ! Il y a un mois, les sauterelles, revenant du nord, ont fait escale chez eux. Du blé presque mûr a été rasé. Des noyers ressemblent à des squelettes lamentables tordant vers le ciel leurs os blanchis. Des jeunes pousses du maïs, il n'est rien resté. Patiemment, les Chleuh ont ressemé leur maïs et imploré la miséricorde divine.

Nous essayons d'estimer la surface cultivée de tout le cirque des Aït-Mézane, où les éboulis torrentiels occupent du reste la meilleure place. Il y a à peine quarante hectares, abstraction faite des champs des gens d'Arremd. Près d'un millier d'habitants vivent sur ce peu de terre. Et pas le moindre espoir de pouvoir s'étendre: dans le Haut Atlas, la végétation est confinée au fond des vallées, entre le torrent et la séguia qui apporte la vie aux cultures. Or, relever le niveau des rigoles est pratiquement très difficile, sans parler du bouleversement que toute modification entraînerait non seulement dans la distribution de l'eau entre co-usagers, mais surtout dans les droits respectifs des communautés successives d'irrigants qui s'échelonnent sur le même torrent.

15 juillet.

Nous avons dormi sur une terrasse de Targa-Imoula. Malgré l'altitude (1.750 mètres), la température, qui était de 25° à sept heures du soir, n'a presque pas baissé et nous eûmes à peine besoin de nous couvrir. Les puces nous ont terriblement gênés: ces bestioles sont aussi avides que les Chleuh sont rapaces. Nos hommes se lèvent fort mécontents. l'hospitalité fut plus fraîche que la nuit et le plat de bouillie d'orge qui leur fut apporté était d'une exiguïté significative. Si Hassen ben Hamou ne décolérait pas. Il sacrait et

Gravure extraite de *L'Illustration*.   LE LAO IFNI   Cliché P. Penet.

proférait d'effroyables menaces. On eut quelque peine à le contenir. La colère n'est pas de mise ici. Nous ne sommes pas en pays conquis et l'influence du caïd Omar dans ces vallées reculées est encore de date très récente et ne ressemble en rien à l'autorité d'un chef. Enfin, nous le décidâmes à se résigner et à s'en retourner chez son maître. Il le fait sans bonne grâce tandis que notre caravane, après avoir traversé Arremd, s'engage à la file indienne dans le sentier de Tizi (1) Tar'ret.

La dernière séguia, les derniers noyers et les dernières cultures ont disparu vers l'altitude de 2.000 mètres. Jusqu'à 2.500 mètres on aperçoit encore sur les pentes caillouteuses quelques thuyas rabougris et misérables, quelques cytises et l'*ifski* épineux.

On chemine lentement : le sentier grimpe en corniche sur la rive droite du Riraya, que l'on entend gronder à cent mètres au-dessous. Au milieu des cascades, je revois Sidi-Chameharouch, lieu sauvage peuplé de djnouns, où les pèlerins viennent chaque année vénérer le tombeau rustique du protecteur de ces difficiles passages.

Les dispositions du santon sont ambiguës, paraît-il, et il convient, avant de franchir la montagne, de s'assurer sa bienveillance par une offrande appropriée. Le mokaddem est venu exprès d'Arremd pour nous le rappeler. Il tend la main sans vergogne. Ayant empoché son douro, il nous souhaite bon voyage, tourne les talons et disparaît.

A notre droite s'ouvre la haute vallée du Riraya, où un sentier en casse-cou mène au col de Tizi-Ouaggane. C'est cette vallée que j'empruntai en mai dernier pour tenter l'ascension du Toubkal, le géant du massif. Je revois de loin les abrupts qu'il fallut escalader. Sur les pierriers étaient plaquées de larges taches de neige qui apparaissent aujourd'hui comme des bouts de fil blanc en débandade. Durcie alors par le gel de la nuit leur surface était si glissante que les crampons de mes semelles ne l'entamaient pas et que nous dûmes souvent tailler des marches. Voici contre un vertigineux à-pic l'endroit où une chute de pierres nous força à déguerpir prestement. Voici celui où mes trois guides m'invitèrent sans aménité à faire demi-tour, et où je poursuivis quand même, certain qu'une attitude résolue leur en imposerait. Ils rechignèrent, mais me suivirent.

Enfin, là-haut, tout là-haut, voilà le cirque supérieur où la respi-

(1) *Tizi* en langue chleuh signifie : col.

ration était devenue si pénible que dix minutes de repos devaient suivre régulièrement cinq minutes de montée.

Les crêtes n'ont plus leur liséré bleuâtre de neige que le contre-jour frangeait alors d'une ligne étincelante; leur silhouette, échancrée par les morsures du temps, paraît plus nue et plus déchiquetée encore. Je distingue l'aiguille du Nouadez : c'est de là que nous vîmes le brouillard monter insidieusement des vallées et qu'à l'unanimité nous décidâmes de redescendre sans avoir atteint le culminant. Du reste, les conciliabules étaient difficiles, un seul de mes Chleuh parlant l'arabe. Quant aux renseignements géographiques, ils étaient d'une imprécision navrante et peut-être voulue.

Tandis que la vallée menant au Tizi-Ouaggane est dirigée vers le sud-ouest, le couloir que nous prenons aujourd'hui pour aller au Tifnout est orienté franchement vers l'est-sud-est. Entre des parois de trachyte où le soleil oblique accroche des reflets blafards, le sentier monte en lacets interminables.

Nous nous élevons peu à peu; tout le monde a mis pied à terre, seul Si Abd en Nebi, l'envoyé de Si el Madani, reste à cheval. Il est tout pâle, le mal des montagnes compliqué de palpitations lui interdit radicalement la marche.

À 3.100 mètres d'altitude, nous faisons halte : bêtes et gens ont besoin de repos. Il fait frais. Pour la première fois nos poumons aspirent avec délices l'air qui nous arrive refroidi des cimes. Une sourcelle nous offre une eau glacée (6°). Au bord du chemin on voit quelques enclos grossiers bâtis de pierres sèches. Là se réfugient les voyageurs que surprennent les redoutables tempêtes de neige ou simplement la nuit. Cela sert aussi à abriter le bétail car les gens du Tifnout n'hésitent pas à faire passer par le Tizi-Tar'rel les bœufs qu'ils vont vendre à Marrakech.

Deux piétons se sont joints à notre groupe: tête nue, en haillons, chaussés, l'un de chaussons en poil de chèvre, l'autre de sandales en bois de noyer, ils s'en retournent dans leur village du Haut-Tifnout après six jours d'absence. Ils sont allés acheter à Moulay-Brahim, à trois étapes de là, deux mesures de maïs qu'ils rapportent sur leur dos. Ces gens sont étonnants.

Nous reprenons la fastidieuse montée. Pour éviter l'essoufflement, chacun s'accroche à la queue de sa monture et s'aide ainsi aux dépens de l'animal. Enfin, à dix heures, les cris des guides nous annoncent le bout du mauvais passage. Nous arrivons au Tizi-Tifourar, col faisant communiquer la vallée du Riraya et celle de l'Ourika au sud de l'Amserdine. L'altimètre marque 3.350 mètres.

La crête de l'Amserdine est si près de nous que nous décidons d'y aller à pied. Pendant notre ascension, les montures se reposeront. Une heure de marche et nous arrivons, non sur le culminant même (3.900 mètres), lequel apparaît beaucoup plus à l'est, mais sur l'arête qui en est le prolongement (3.600 mètres).

De là, le coup d'œil est incomparable malgré une brume fâcheuse qui circonscrit la vue à une trentaine de kilomètres. Tandis que le capitaine Marquilly lève l'itinéraire, ainsi que la direction des vallées qui convergent vers nous, M. Leroy et moi nous détaillons le panorama.

A 1.700 mètres au-dessous de nos pieds, la vallée du Riraya et celle de son affluent, l'Iniman, sont dessinées comme une vue prise d'avion, avec leurs villages lilliputiens; les ramifications et les contreforts de la chaîne ressemblent à des talus minuscules, derrière lesquels on devine dans le lointain la plaine de Marrakech.

Voilà à l'est la crête de l'Amserdine (les Chleuh disent : « *Imsarden* »); plus loin vers l'est-sud-est, une montagne presque aussi haute, mais aux contours moins aigus : le Iourichen, dit le gamin qui nous a accompagnés; au delà, beaucoup plus au sud, une autre grande cime qu'il appelle le « Taghrerbent ». On soupçonne plutôt qu'on ne voit le Siroua.

Au sud-ouest, la silhouette déchiquetée du Toubkal et sa pyramide culminante de 4.100 mètres de hauteur. Il y reste quelques taches de neige.

A l'ouest, comme une réplique du Toubkal, l'Ouemkrine profile ses deux branches formant l'Y, moins élevé de deux ou trois cents mètres, mais plus raide et d'une ascension certainement plus difficile.

Tout cela dénudé, pelé, brûlé; le froid polaire de l'hiver, la sécheresse saharienne de l'été ne laissent pousser ni arbre, ni prairie. Cependant, on nous montre sur une pente lointaine de l'Amserdine un troupeau : bœufs, chèvres et moutons trouvent sans doute un peu d'herbe entre le grenu des rochers.

Je photographie le tour d'horizon. Les cartes de la région sont si inexactes et si frustes qu'interprété par des spécialistes exercés comme les photographes de l'aviation militaire, ce document servira peut-être à rectifier quelques erreurs.

La température est fraîche (12° ½). Certainement, le siroco souffle encore dans la plaine, cependant que vers le sud-est quelques nuages jaune bistre font craindre un orage. Le ciel n'a pas ce ton bleu noir, bien connu de tous les alpinistes, que j'avais observé en mai dernier du cirque supérieur du Toubkal. Il est opalin, terne, équivoque. La soif se fait terriblement sentir. Notre guide d'occasion, à qui j'ai confié mon quart en fer-blanc, descend comme un singe dans une crevasse et en remonte quelques instants après avec de la neige; elle est salie par une poussière jaunâtre. Serait-ce le protococcus nivalis ? Non, ce sont simplement des poussières et des débris.

En vingt minutes nous rejoignons notre caravane et nous repartons aussitôt.

Par quelle aberration le sentier s'en va-t-il franchir, à plus de 3.550 mètres d'altitude, le Tizi-Tar'rat, un col qui n'en est pas un puisqu'il ne fait communiquer ensemble que deux ravineaux voisins, tous deux tributaires du bassin de l'Ourika ? Sans doute quelque éboulement, quelque abrupt a-t-il fermé le passage direct du col de Tizi-Ifourar à celui de Tizi-Imricha. Alors, faute de quelques journées de piocheur, les caravanes qui ont péniblement monté pendant quatre heures font encore une montée supplémentaire de deux cents mètres, complètement inutile.

Le chemin est heureusement facile. Ce n'est plus une coulée à 45°, mais une pente assez douce. Cette partie du Toubkal ressemble vaguement à un cratère aux arêtes très émoussées, ouvert vers le nord.

Le vent a fraîchi; de livide, le ciel est devenu gris d'hiver; de grosses nuées montent des vallées, escaladent les pentes en se bousculant. Vont-elles nous envelopper et allons-nous, en plein juillet, en plein Maroc, subir les assauts d'une tempête de neige ? Nos montures semblent deviner la menace; elles hâtent le pas et nous mettons moins d'une demi-heure pour arriver au Tizi-Tar'ret, culminant de la route (1).

Un quart d'heure de halte me permet d'étudier deux longues taches de neige qui subsistent à côté du sentier. Très inclinées, profondes d'un mètre environ au milieu, dures en surface et beaucoup plus tassées que celles que j'avais examinées en mai dernier sur les pentes du Toubkal, n'était leur faible épaisseur on pourrait les qualifier de véritables petits névés. Ils sont dus aux remous des tourmentes, cas fréquents aux abords des cimes. Leur surface est

(1) Le Tizi Tar'ret a déjà été franchi par von Fritsch d'abord, par Gentil ensuite. Brives dut renoncer à faire son ascension en raison des mauvaises dispositions des gens d'Arremd.

jonchée littéralement de cadavres de sauterelles. Ces bestioles étaient les criquets dévorants qui désolaient la Chaouia il y a un mois; une fois leurs ailes poussées, leur premier soin est de retourner vers le Sud. Profitant de la température clémente, elles franchissent l'Atlas, non sans se faire surprendre de loin en loin par les mortelles bourrasques de neige; alors les vols désemparés, se disloquent, s'abattent et le froid en fait des hécatombes. C'est en vain que je recherche la podurelle que l'on appelle, en Suisse, la puce des glaciers; je n'en avais pas rencontré davantage en mai; la faune entomologique semble pauvre. Quelques corneilles tournent au-dessus de nous en coassant avec volubilité. C'est le seul oiseau que l'on rencontre à ces altitudes. Les grands rapaces eux-mêmes font défaut.

Une rafale de vent accompagnée d'un peu de pluie glaciale nous rappelle qu'il est urgent de quitter les hauteurs; tous, nous mettons pied à terre; nous commençons une descente relativement facile, mais d'une longueur et d'une monotonie fatigantes.

Nous passons au col de Tizi-Imricha (3.200 mètres) entre la vallée de l'Ourika et celle du Tifnout. C'est là le véritable col géographique et politique, puisqu'il fait communiquer le nord de l'Atlas (Riraya et Ourika) avec les vallées du Sud soumises nominalement au caïd Glaoui. Il est deux heures. En nous retournant, nous apercevons la cime du Toubkal perdue dans des nuages chargés de pluie et même il semble qu'un peu de neige neuve en a poudré les pentes.

Nous descendons toujours; nous voilà dans la haute vallée du Tifnout et l'horizon est fermé maintenant par les à-pics qui constituent l'autre versant. Abrupts sévères et longs pierriers, tons rougeâtres, végétation rampante et rare, voilà le paysage qui nous entoure. Le fond de la vallée n'est même pas égayé par le grondement d'un torrent.

A trois heures nous passons près d'une source. L'eau a fait pousser de l'herbe, l'herbe a fixé de la terre, une prairie est née, minuscule comme la source, avec l'aspect d'un morceau de pâturage alpestre qu'un génie ironique aurait oublié dans la désolation générale de l'Atlas.

Sous les échos de plus en plus rapprochés du tonnerre, nous hâtons le pas. Nous nous engageons dans un défilé assez court dont le profil en U fait songer à un travail glaciaire. En cet endroit le cailloutis remplissant le thalweg met tout à coup au jour le torrent qui devait depuis longtemps courir caché en son tréfonds.

La plus grande partie du débit est détournée presque aussitôt sur la rive gauche et s'en va, en un canal hardiment creusé à flanc de rocher, arroser les cultures des gens de Tasseldeï.

Tasseldeï (2.100 mètres), le plus haut village du Tifnout, apparaît enfin à un coude de la vallée. L'ondée nous surprend à quelques centaines de mètres à peine des premières maisons; mais le sentier est si mauvais, nos bêtes si exténuées, que nous arrivons au gîte entièrement mouillés.

Enfin, la plus rude de nos étapes est achevée. Autour d'un feu de branches sèches, au milieu d'une fumée asphyxiante, nous nous séchons plutôt mal que bien durant que l'averse redouble au dehors.

Nous sommes dans l' « Agadir », c'est-à-dire le grenier fortifié du village; le représentant du cheïkh nous apporte du beurre, des noix, du miel. C'est un repas délicieux auquel nous sommes seuls à faire honneur, car nos gens, en bons musulmans, observent le jeûne du Ramadan. L'un d'entre eux, cependant, que la soif tourmentait fort ce matin, avait rompu le jeûne; aussi n'a-t-il aucun scrupule à persister dans le péché, et, comme nous, il fait honneur au repas frugal.

Sans être enthousiaste, l'accueil des gens de Tasseldeï est sympathique. Pour notre suite, que nous rougissons décidément de voir si nombreuse, on commence à préparer un repas qui sera certainement plantureux.

Au bout d'une heure, la pluie a cessé; les nuages sont encore bas et ne présagent rien de bon. La température est considérablement rafraîchie. Nous sortons tout enfumés de l'obscure salle basse de l'agadir. Le capitaine va faire quelques relèvements à la boussole. M. Leroy va herboriser, et moi je vais visiter les séguias et les cultures.

Rien de nouveau; toujours étagés en escaliers, les champs sont si étroits qu'un attelage de charrue a peine à y tourner. Le maïs, le millet occupent le plus grand nombre; ces cultures viennent de remplacer les céréales d'hiver (blé et orge). Beaucoup de murettes de retenue ont porté au printemps une bordure d'iris. On vend leurs rhizômes à Marrakech pour la parfumerie. Il ne reste plus à présent que les feuilles à demi desséchées.

Je pensais que la forte averse aurait fait grossir le torrent. Pas du tout, l'eau n'est même pas troublée et coule aussi limpide qu'avant. Rien n'a ruisselé; ces pentes crevassées, ces cailloutis et ces pierriers ont tout bu. Ce sont là d'excellents réservoirs.

Vers sept heures, une nouvelle averse nous force à rentrer définitivement dans notre abri. Le cheval de Si Abd en Nebi est couché dans un enclos voisin de l'agadir. Fourbure et coliques, il est mal en point. Le cavalier paraît s'en désintéresser; nous sommes obligés d'insister pour qu'il le frictionne, le couvre et le soigne.

L'agadir comprend un rez-de-chaussée obscur pouvant servir d'écurie, de salle d'armes, et d'entrepôt. Le feu y pétille toujours et éclaire le groupe pittoresque de nos hommes séchant leurs effets.

Il faut le pied d'un montagnard pour monter l'escalier du premier étage, et l'agilité d'un mouflon pour accéder au deuxième. Même disposition de chambres fermées à clé autour d'une sorte de galerie centrale. Les chambres servent d'entrepôt et chaque famille du village possède la sienne. Un gardien vigilant, qui a la confiance de tous, est préposé à ce grenier commun. Les murs sont crénelés et garnis de meurtrières, car c'est aussi le refuge en cas d'attaque.

16 juillet.

Après une journée aussi dure que celle d'hier, nos bêtes auraient mérité un jour de repos. Notre programme a heureusement prévu une très courte étape pour aujourd'hui.

Aguezrane, où nous devons camper ce soir, n'est pas à plus de huit kilomètres en ligne droite. Mais par le sentier abominable que nous prenons, tantôt accroché aux flancs granitiques de la vallée, tantôt serpentant dans les délaissés du torrent, et tantôt confondu avec le torrent lui-même, le trajet dure trois bonnes heures. Dire que ce chemin *dessert* les villages qui se succèdent au fil de la vallée serait un euphémisme excessif : c'est précisément aux abords des villages que les passages sont le plus difficiles. On voit que l'habitude des montagnards est d'aller à pied; posséder un mulet, à fortiori un cheval, est la manifestation d'un luxe insolent que seuls les chefs peuvent se permettre. Une caravane de neuf bêtes de selle (dix avec celle du cheikh d'Aguezrane, qui est venu à notre rencontre) est tellement insolite que toutes les terrasses se garnissent de têtes curieuses à notre passage.

L'étroite vallée du Tifnout ressemble beaucoup à celle du Riraya. Ce sont les mêmes cultures, les mêmes rigoles ombragées de noyers, le même soin appliqué à capter, à conduire, à se partager et à utiliser l'eau. Dans le fond de la vallée, des enclos avec des prairies artificielles continuellement irriguées, tandis qu'au-dessus de la limite des cultures, commence l'aridité fauve de la montagne.

Quelques frênes et peupliers aux abords du torrent; des vaches sont attachées à leur ombre et mangent l'herbe verte que le pâtre va couper dans les enclos.

On a essayé d'emmener le cheval malade. Au bout d'une heure il s'est abattu définitivement.

Aguezrane (alt. 1.600ᵐ) fait de l'autre côté de l'Atlas le pendant d'Asni dans la vallée du Riraya. C'est, comme Asni, la capitale d'un groupe de villages disposés autour d'un évasement de la vallée. Il y a deux quartiers séparés par un ravineau. La rumeur de notre arrivée a mis une animation insolite dans les ruelles. C'est la première fois qu'un voyageur européen s'arrête dans ce village. Le cheikh nous conduit dans l'agadir, qui est aussi sa maison personnelle; mais la chaleur et les mouches nous en chassent bientôt et nous allons sous de grands peupliers savourer le bain quotidien dans une abondante et fraîche séguia.

Tandis que nous revenions, quelques gamins se sont enhardis et se sont approchés. Nous leur parlons, mais comme ils n'entendent que le chleuh, la conversation sera difficile. Le groupe des curieux se grossit de quelques jeunes filles, aux attitudes de canéphores, et d'autres polissons. L'un d'entre eux porte la calotte noire; c'est un israélite: il est de Mesguemmed, à une demi-lieue d'ici. Comme par hasard, cet enfant de huit ans connaît l'arabe et s'offre comme interprète. Les lazzis et les rebuffades des autres n'ont pas l'air de l'émouvoir beaucoup; ses yeux bleus se voilent d'un peu de tristesse aux abominables injures que lui décochent les petits Chleuh, mais la bouche continue de sourire.

Sur cinq ou six jeunes filles, une seule est vraiment jolie. Elle le sait et minaude quand nous examinons les bijoux qui pendent sur son haïk de bure grossière. Deux sont goitreuses. Le goitre est très répandu dans ce coin granitique du Tifnout. L'indiscrétion de la bande de curieux commence à devenir gênante. Ils veulent voir et toucher tout notre équipement. L'altimètre, la boussole, l'appareil photographique, nos guêtres, tout est prétexte pour eux à des émerveillements bruyants et à des rires. Impossible d'herboriser ou simplement de prendre la moindre note. Toute la bande est littéralement attachée à nos pas.

Nous essayons de leur faire entonner un chant de leur pays; après bien des hésitations, les filles s'exécutent, tandis que les gamins vont dans la prairie voisine se livrer au jeu favori des enfants du Tifnout. C'est très simple : cela consiste à se lancer à la figure des gerbes d'eau en calottant les rigoles d'un coup de pied de côté. Les jeunes filles, Nausicaas rieuses, se sont mises de la partie et la plante de leurs pieds nus fouette vigoureusement la surface des séguias, tandis que des cris de joie et des gerbes de pluie fusent et s'entrecroisent de tous côtés. Le spectacle est original et amusant; dans l'ardeur du jeu on nous oublie et nous en profitons pour aller à pied visiter les villages voisins, tandis qu'un nouveau juif, adulte celui-là, veut absolument nous vendre pour quatre douros de secrètes mines que lui seul connaît, étonnamment riches, et dont il nous montre les échantillons.

De loin, les villages berbères ressemblent à ces nids à alvéoles que construisent les guêpes maçonnes sur les vieux murs. De près, les ruelles sont des dépôts d'ordures, à moins que ce ne soient des couloirs à se rompre les os. Enfants, femmes, poules, le premier mouvement de tous est de se sauver à l'approche des « Roumis ». Seuls demeurent accroupis au pas de leur porte les vieillards et les hommes : orgueilleux, dédaigneux, ils froncent les sourcils à notre vue. Mais chez ces Berbères à la nature ondoyante et mobile, la glace est vite rompue; un geste, un mot de salutation mal prononcé en chleuh ou en arabe, et la face hostile s'épanouit en un rire où se dissipe instantanément leur méfiance de primitif.

Alors les enfants, les poules reviennent, les chiens se taisent, les têtes curieuses des femmes apparaissent aux terrasses et une conversation cocasse s'engage, moitié gestes, moitié arabe.

Les maisons sont construites suivant le même type : les étables au rez-de-chaussée, deux ou trois salles basses et un grenier à l'étage généralement unique. Une des chambres possède une ouverture par laquelle sort la fumée et entre le froid; une autre s'ouvre en balcon sur la vallée; on l'appelle le « henit ». Les murs sont en pisé et les branches juxtaposées, formant solives et supportant la terrasse de terre battue, débordent d'au moins cinquante centimètres le parement du mur extérieur.

Le familier pinson, qu'on appelle le *Bou Habib* et qui est si commun dans les oasis algériennes et tunisiennes, égaie aussi les maisons des villages chleuh de l'Atlas. Lui et le traquet à livrée pie annoncent le voisinage du Sahara.

L'agadir d'Aguezrane est de construction plus soignée que les maisons, et des ornements en badigeon de chaux simulent sur ses murs de terre d'élégantes assises de blocs taillés; des bastions crénelés et percés de meurtrières donnent à ce fortin une apparence de puissance redoutable. Simple apparence, du reste. Tout le Maroc est là.

Un vol de sauterelles passe, venant du nord. Les Chleuh sont anxieux. Il y a quelques semaines, un autre vol s'était arrêté ici et avait commis bien des dégâts. Celles-ci s'arrêteront-elles ou poursuivront-elles ? Le vol s'épaissit, mais il poursuit sa route : une heure durant, sous le flamboyant soleil, le miroitement des ailes traverse le ciel bleu, et la nuée menaçante s'écoule avec la lenteur d'un fleuve et un bruissement d'herbes sèches.

A quelques centaines de mètres au-dessus d'Aguezrane, on découvre, dans l'aridité de la montagne, un village entouré d'un peu de verdure. Ce n'est pas l'eau du torrent, mais celle d'une source, qui fait vivre ces champs. Les sources sont relativement nombreuses dans cette partie du massif.

Sept heures. De la terrasse de l'agadir où nous nous préparons à coucher, nous contemplons la tombée du jour sur le cirque d'Aguezrane. Un soleil mourant rougeoie encore les grandes cimes, tandis qu'en bas les feux qui s'allument piquent des points scintillants sur la brume et la fumée noyant d'une ombre bleue le fond de la vallée.....

La nuit est complète. Le Tifnout gronde sourdement sur son lit de galets. On entend les bœufs, qui furent menés à la pâture après la grosse chaleur, repasser dans les chemins creux pour rejoindre leurs étables. Je fais un effort pour m'imaginer que nous voyageons dans un canton de la Savoie; mais non, l'illusion est impossible; il manque cet arome des fraîches prairies qui se marie si bien au parfum de nos sapins, les vaches n'ont point de sonnailles, et la chanson du pâtre chleuh ressemble à un gémissement d'angoisse plutôt qu'à la mélodie d'un ranz alpestre.

17 juillet.

Nous visiterons aujourd'hui le fameux lac Ifni, que les légendes concernant l'Atlas représentent comme une petite mer intérieure. « avec des vagues comme celles de l'Océan et des poissons gigantesques ». — « Il alimente trois torrents, me disait un jour le caïd Omar Sektani, trois, pas un de plus, pas un de moins : le Riraya, le Tifnout et l'Agoundis; il est perché sur le sommet d'une montagne et il reste gelé deux mois par an. » Omar Sektani ne l'avait, du reste, jamais vu.

Son émissaire certain, c'est l'Assif Nezleï, que nous avons traversé hier au point où il se jette dans le Tifnout. Ce ruisseau m'avait semblé débiter deux fois moins que le Tifnout.

Il nous faut donc revenir quelque peu sur nos pas avant de nous engager dans le val de l'Assif Nezleï. Vallée courte, à profil raide, taillée en bas dans du granit, en haut dans des porphyres et melaphyres, ombreuse et verte comme une vallée de l'Auvergne. Les magnifiques noyers de Tar'ratine, dont l'un mesure 7ᵐ20 de circonférence, les prairies artificielles de Takalert, bien plus soignées que celles du Riraya et du Tifnout, d'où les renonculacées sont presque bannies, les champs en gradins d'Imhil s'étageant sur deux cents mètres de hauteur, est-ce une illusion ? Tout cela paraît infiniment plus vert, plus riant que la vallée d'Aguezrane, que nous venons de quitter.

A la hauteur de Tar'ratine, le thalweg n'est plus qu'un pierrier sec, en partie aménagé en cultures, tandis que là-haut, barrant d'un trait horizontal les pentes de la rive gauche, ombragé de noyers, le canal suspendu d'Imhil, qui a capté l'Assif Nezleï dès sa source, distribue la vie aux innombrables terrasses.

L'altitude de 2.100 mètres marque la fin des cultures. Alors le sentier laisse le thalweg à gauche et il s'engage dans un paysage de mort : lacets monotones au milieu d'éboulis de lave. Les rocs aux angles vifs, à la patine fauve ou noire, rendent la marche pénible. Après une heure de montée, le raidillon aboutit à une sorte de plateau mamelonné et bouleversé, de 800 mètres sur 1.500 environ. La configuration générale apparaît clairement. C'est ce plateau tronconique, surgi au milieu de la vallée, qui l'a obstruée comme un barrage de Titans. Nous ne voyons pas encore le lac, mais nous devinons qu'il s'est formé en amont de l'obstacle.

Autour de nous ni végétation ni même de terre; l'on n'aperçoit que des déjections volcaniques. J'ai cherché à discerner les restes d'un cratère; je n'ai vu que deux cheminées éruptives rasées et sans aucun relief, ressemblant beaucoup à celles que j'avais déjà remarquées aux Aït-Mezane. Mais, faute de temps, je n'ai pu effectuer l'exploration de cet amas de débris. Un sillon le borde au nord et au nord-est, tout contre la paroi encaissante de la vallée.

Sans doute fut-il formé à une époque reculée par l'émissaire du lac, lorsque celui-ci était assez haut pour affleurer la crête du barrage (1).

(1) A présent le lac s'étant créé un exutoire souterrain sous le bourrelet volcanique en question, son niveau a baissé de 90 mètres, phénomène pareil à celui qui vida partiellement le lac de Sarnen en Suisse.

Vingt-cinq minutes de marche nous amènent sur le rebord amont du bourrelet et le lac Ifni, uni comme un miroir, nous apparaît enfin.

La première impression est le désappointement de le trouver si petit : huit à dix hectares de superficie, cinq cents mètres à peine de longueur. Il occupe tout le fond de la vallée, entre le bourrelet de débris et un pierrier issu du Tizi-Ouaggane, pierrier qui le comblera un jour. Les rives sont sauvages, arides, avec des escarpements plongeant à pic ; nous les dominons d'une centaine de mètres et nous apercevons tout leur dessin capricieux. Un liséré blanc les cerne, marquant le délaissé depuis l'hiver.

Bientôt nous nous laissons gagner par le charme singulier qui s'attache toujours à la vue des lacs solitaires de la haute montagne. En Suisse, on dit que leur eau glauque attire les imprudents qui se hasardent sur leurs bords. D'effroyables légendes doivent peupler celui-ci de djnouns et de revenants.

Cette eau d'un vert un peu trouble, dans laquelle se mirent des crêtes rousses et déchiquetées, ce chaos de rochers calcinés, lustrés comme des ailes de corbeau, ces abrupts vertigineux de porphyre rouge, ce ciel d'outremer foncé, cette solitude et ce silence, tout cela vous remplit d'une émotion étrange où il y a de l'angoisse et du recueillement.

Atlas, prodigieuse barrière entre le Sahara de feu et la féconde terre marocaine, Atlas inviolé, est-ce là le joyau mythique que les cimes et les farouches habitants, les Chleuh à tête nue, gardaient jalousement du regard de l'étranger ?

On nous avait annoncé que nous trouverions de nombreux troupeaux. Nous n'apercevons pas âme qui vive. Cependant des azib, dont quelques-uns grossièrement couverts de branches, indiquent que du bétail vient parfois y paître les rares graminées, le rumex, le cytise charnu, végétaux clairsemés de ces pentes désolées. De si pauvres pâturages doivent nourrir de bien faméliques troupeaux.

Le temps presse. Nous laissons nos montures et nous nous hâtons, M. Leroy et moi, de faire le tour du lac par des sentiers à faire frémir.

De même qu'aucun torrent visible n'en sort, aucun torrent visible ne l'alimente. Pas un ruisselet, pas une source. L'eau vient évidemment du grand pierrier de l'ouest, lequel prend son origine sur les hautes cimes du massif, encore marquetées de taches de neige. Mais si cette eau court souterrainement sous les galets et les éboulis, rien ne la révèle en surface.

Je ne conçois pas que même des indigènes aient pu supposer qu'une partie de l'eau du lac alimentait l'Agoundis, encore moins le Riraya; un seuil de 3.000 mètres d'altitude sépare la vallée de l'Ifni de celle de l'Agoundis, et quant au col de Tizi-Ouaggane, qui la fait communiquer avec le Riraya, son altitude doit, d'après ce que j'ai pu apprendre, atteindre celle du Tizi-Ifourar, c'est-à-dire 3.350 mètres. Le général de Lamothe, qui le tenait de Si El Hadj

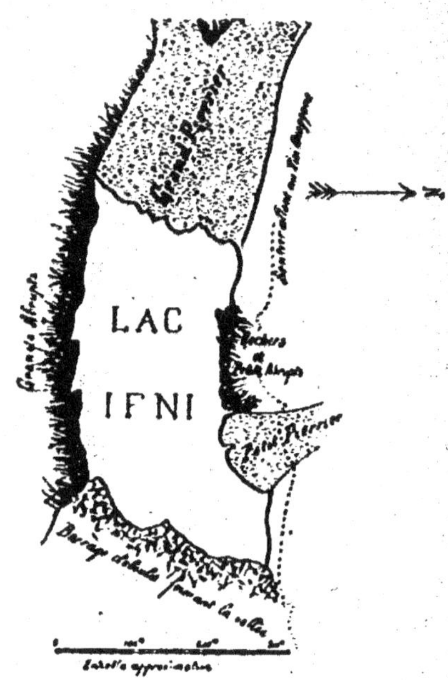

Thami Glaoui, m'a assuré que le sultan Moulay-Hassen avait envoyé, il y a une quarantaine d'années, un ingénieur français étudier l'amenée possible à Marrakech des eaux du lac. L'ingénieur avait parlé d'un chiffre de millions tellement imposant que l'on avait incontinent renoncé à pareille entreprise. Je n'ai retrouvé nulle part dans le pays trace de ce voyage, mais s'il eut lieu, je comprends fort bien l'avis donné par l'ingénieur.

L'altimètre indique au niveau du lac 2.260. Le cerne blanc que nous avions observé en arrivant est dû à des diatomées et à d'autres algues délaissées par les eaux en se retirant. Le niveau a déjà baissé de 1m20 depuis les plus hautes eaux. Au dire du Chleuh qui nous accompagne, la baisse est beaucoup plus accentuée les années sèches : l'Ifni n'en est pas moins un excellent régulateur pour l'Assif Nezlet, dont les variations de débit sont infiniment moins amples que celles des autres torrents de l'Atlas.

Nous prenons la température de l'eau au bord : 21°, tandis que l'air extérieur est à 24°. Notre bain nous permet de constater que l'eau est beaucoup plus fraîche au milieu du lac. Faute de ficelle suffisamment longue, nous n'avons pu mesurer sa profondeur, je la crois importante. Il est extrêmement poissonneux. Des vols de sauterelles ayant commencé à passer vers dix heures, des truites de trente centimètres mouchent à tout instant sur les insectes qui tombent. J'ai cru voir un autre poisson à nageoire dorsale plus élevée, mais n'ayant pu en capturer, je le signale avec quelque réserve. Nous voyons aussi, mais de trop haut pour l'identifier, un long serpent de couleur claire, nageant en surface et faisant lui aussi la chasse aux sauterelles.

Revenus à notre point de départ, nous remarquons que le talus amont du bourrelet qui a fermé la vallée et formé le lac est d'une régularité qui fait penser tout de suite à une poussée glaciaire. Et voilà que des doutes nous viennent sur l'origine de cet obstacle. Est-il uniquement dû à une dernière éruption volcanique, bien postérieure aux convulsions qui ont fait surgir le Toubkal et au creusement de la vallée ? Ecroulement de débris volcaniques ou moraine frontale ? Quelle part attribuer aux éruptions et quelle part à l'action glaciaire ? Combien je regrette de n'avoir pas consacré une journée à étudier la colline d'Arremd, du côté nord du Toubkal. Formée de même façon, elle m'aurait peut-être donné la solution. Ce qui est hors de doute, c'est que l'Ifni n'est pas un lac de cratère comme le lac Pavin; il offre beaucoup de ressemblance avec le lac de Montriond en Haute-Savoie.

Nos compagnons s'impatientent. Les problèmes géologiques ne les troublent pas, mais la crainte de rentrer après le coucher du soleil les talonne. Au surplus, la fatigue et le jeûne énervent les meilleurs caractères. Nous ne sommes pas en zone soumise, mais zone d'influence; influence de caïd encore un peu frêle et indécise sur des tribus qui n'ont jamais connu de domination depuis que le monde est monde, et l'on nous fait souvent sentir qu'ici le chrétien ne commande pas. Le capitaine Marquilly envoie un rekkas à Marrakech porter au général de Lamothe la nouvelle de notre heureuse arrivée au lac Ifni, et nous reprenons le chemin d'Aguezrane.

En retraversant la séguia d'Imhil, j'examine d'un peu plus près le canal, qui capte à sa sortie des rochers l'effluent souterrain du lac Ifni, et qui est l'origine de l'Assif Nezlet. La source, ou plutôt la résurgence, se trouve à l'altitude de 2.150 mètres; l'eau est à 10° centigrades; le débit doit approcher de 300 litres par seconde.

On nous a préparé un repas à Tissilet, et comme nous demandions si les pommes de terre qui faisaient la gloire d'un ragoût étaient d'importation récente, nous apprîmes que les vieux du pays ont toujours vu la pomme de terre cultivée dans ce coin de l'Atlas; J'en avais déjà remarqué quelques champs entre Tasseldet et Amsouzert, mais j'avais cru voir là l'expérience isolée d'un Chleuh innovateur. La pomme de terre est de petite taille et de chair jaune. On cultive également le navet, qu'on récolte en automne et qu'on fait dessécher après l'avoir découpé en minces rondelles. Le fond de la nourriture est le blé, l'orge, le maïs, le millet, les laitages et les noix. La difficulté des chemins est telle que les seules exportations sont celles des noix et du bétail, que l'on vend sur les marchés de Marrakech et de Taroudant. La laine est presque entièrement utilisée sur place.

Nous ne recoucherons pas à Aguezrane, ce soir; Si Abd er Rahman, khalifa du Tifnout, a quitté son bordj d'Assareg, et il est venu à notre rencontre pour nous prier de pousser jusque chez lui. Ce fin vieillard parle peu; d'ailleurs, il comprend mal l'arabe; il nous observe et s'intéresse beaucoup à nos appareils photographiques. Plusieurs piétons, armés soit de longs fusils à pierre, soit de carabines à répétition, lui font escorte et gesticulent devant sa mule. Le convoi ne manque pas de pittoresque avec ces grands diables de Chleuh, aux jambes sèches et nerveuses comme des pattes de chèvre, au crâne rasé et reluisant entouré d'une cordelette en guise de turban, aux figures de bandits de la Sierra. Un d'entre eux porte le burnous national de laine et poil de chèvre mélangés, noir, avec l'énorme et comique tache rouge au bas du dos.

Nos guides bénévoles courent derrière nous dans l'espoir de nous extorquer encore quelques piastres, tandis que nos montures, fatiguées, déferrées par les affreux chemins, ont peine à suivre le train enragé de ces montagnards.

Une mendiante sur le bord du chemin tend une tasse. Sans nous arrêter, nous y déposons l'obole traditionnelle. Chose amusante, la tasse est pleine de lait, et comme je demande l'explication de cet usage, on me dit : « Celui qui reçoit l'aumône ne doit pas compter ni même voir ce qu'on lui donne. Dieu seul tient le compte des bonnes actions, et c'est lui seul qui juge si le douro du riche a plus de valeur que le sou du pauvre. »

18 juillet.

Hier, en arrivant à l'étape, nous espérions jouir d'une nuit entière de repos et nous nous en félicitions. Espoir bien vite déçu. Nous nous sommes préoccupés tout d'abord de faire referrer chevaux et mulets. Le forgeron-maréchal-ferrant n'était pas là; il fallut l'envoyer quérir. Il vint à la nuit noire, mais il confessa qu'il n'avait ni fer, ni clous. Problème ardu que de trouver du fer dans un village de l'Atlas. Il nous montre bien quelques lourds morceaux de minerai que les caravaniers apportent des montagnes du sud, mais pour en extraire le fer au four de charbon de bois et avec son procédé primitif, il faudrait toute la nuit. Alors nous essayons de rallier nos hommes pour les envoyer chercher une tige quelconque de fer dans les maisons d'Assareg : peine perdue, nos mokhaznis se sont dispersés dans les rues sombres. Il me semble bien en apercevoir un très près d'une silhouette féminine, mais le couple s'éclipse et je n'ai garde de troubler un si tendre entretien. Si Abd er Rahman sauve la situation; il dit quelques mots à un serviteur. Une demi-heure après, un juif arrive : il a trouvé un vieux morceau de métal et nous le vend.

Un rocher de granit leur servant d'enclume, le forgeron et son aide étirent le métal et en confectionnent fers et clous. Sous la hutte en branches de chêne, le feu attisé par les deux soufflets en peau de chèvre éclairait les Vulcains chleuh et cette scène préhistorique paraissait digne du pinceau d'un Janin.

La nuit est tiède : sur les terrasses du khalifa, où nos nattes sont étendues, nous allons enfin reposer. Mais voici quelque chose d'imprévu. Pour nous faire honneur, le khalifa a invité tout un corps de ballet, danseurs et danseuses. Ils se sont groupés dans la cour intérieure du bordj, autour d'un feu de brindilles, et les voilà qui commencent leur étrange quadrille. Ils dansent suivant un rythme barbare, en chantant et frappant des mains. Deux chœurs se font vis-à-vis, hommes d'un côté, femmes de l'autre, les notes en fausset suraigu se répondent; sur les murs blanchis, des ombres démesurées s'agitent et leurs gestes apparaissent fantastiques. C'est beau et sauvage, mais nous mourons de sommeil.

Les acteurs prennent plaisir à ce jeu, ils s'excitent, accélèrent la cadence, les tam-tam font rage, le vacarme devient infernal. Il est minuit. Juste ciel ! s'en iront-ils bientôt ? Le khalifa est radieux ; comment lui demander de renvoyer tous ces gens chez eux ? Nous finissons par déléguer le plus diplomate de nos compagnons, homme subtil et éloquent, pour faire part à notre hôte de notre secrète envie de dormir. Il s'acquitte de sa délicate mission avec succès. Le khalifa sourit et congédie tout le monde.

Le départ de ce matin a été manqué. Nous avons quitté Assaregz à huit heures au lieu de six, heure prévue au programme, et comme l'étape d'aujourd'hui va être longue, nous nous efforçons, sans beaucoup de succès, d'accélérer l'allure.

Plus la vallée descend vers le sud-ouest et plus l'aspect général rappelle le versant méridional de l'Aurès algérien. Mêmes roches fauves, mêmes croupes jaunâtres, même végétation fruste d'avant-désert. Sur les bords du torrent, au milieu des champs de plus en plus avides d'eau, l'olivier et l'amandier ont remplacé les noyers et les frênes. La vigne apparaît, puis le cactus. La vallée d'Ouamoumen, qui va nous conduire au col de Tizi-Nzaoul, donne du haut en bas la même impression de sécheresse. Les partiteurs d'eau sont beaucoup plus stricts que du côté de Tasseldeï.

Nous passons de la cote 1.600 (confluent de l'Assif Ouamoumen avec le Tifnout) à la cote 2.650 au col de Tizi-Nzaoul, où nous arrivons à trois heures du soir.

D'un piton voisin, la vue est si étendue que je m'empresse de photographier le tour d'horizon : à l'ouest, la vallée profonde de l'Agoundis où nous allons descendre. Au sud, on distingue le Siroua avec plusieurs larges plaques de neige, et derrière lui, dans le lointain bleu, la chaîne que les cartes appellent l'Anti-Atlas. A l'est, le fossé profond du Tifnout dominé par un plateau à rebord vif, qui est peuplé d'une forêt très clairsemée. Ce sont des chênes verts, paraît-il; cette verdure lointaine, au milieu de l'aridité générale, attire et repose les regards, de même que l'architecture tabulaire de ces contreforts indique un facies géologique bien différent. Au nord et au nord-est, le massif du Toubkal est en partie masqué par la chaîne séparant l'Agoundis de l'Ifni, tandis qu'entre l'Agoundis et l'Assif Ouemkrine, un puissant contrefort en pyramide cache la partie la plus élevée de la crête déchiquetée de l'Ouemkrine. Les majestueuses cimes ont dépouillé leur manteau d'hiver. Il ne reste plus guère que quelques minces taches blanches au fond des couloirs et quelques autres un peu plus larges près des sommets.

De ces amas échappés à l'haleine du sirocco venait peut-être la neige que l'on apportait sur des mulets aux anciens sultans de Marrakech pour rafraîchir leur boisson pendant la canicule; ce qui fit croire longtemps à l'existence de neiges éternelles (1) dans l'Atlas.

Certes, les belles plaques qui étincellent encore sur les cimes de l'Atlas au mois de mai font aux palmiers de Marrakech un paradoxal et grandiose décor de fond. Quand on va sur place mesurer l'épaisseur de ce resplendissant manteau, on ne trouve guère qu'un mètre à un mètre vingt (2) d'une neige grenue, peu tassée sauf en surface, à cause des alternatives de gel et de dégel. Là où les tourbillons produisent des amas épais, comme au revers de certaines crêtes très aiguës ou dans les cols, là où les avalanches locales accumulent la neige des pentes supérieures, l'épaisseur peut atteindre plusieurs mètres. Ces masses fondent surtout par-dessous et peu par dessus; la plupart ne durcissent pas assez pour former à proprement parler névé, ni à fortiori glacier; elles peuvent cependant présenter des crevasses sur les parties très déclives, et ces sortes de « rimayes » leur donnent quelque ressemblance avec les névés qui alimentent les glaciers dans les Alpes.

Il est donc certain qu'au-dessus de l'altitude de 3.000 mètres, quelques amas de neige persistent plus ou moins longtemps; leur durée est fonction de leur masse; après un hiver où la chute fut abondante, les taches doivent demeurer tout l'été. Au contraire, j'ai tout lieu de croire qu'après les hivers secs, la neige disparaît entièrement. Le terme « neiges persistantes », qui conviendrait déjà mieux que « neiges éternelles », ne serait donc pas même

(1) L'expression « neiges éternelles » est d'ailleurs impropre. Même dans les Alpes, on voit certaines années la neige fondre à peu près entièrement au-dessus des glaciers. On cite les étés 1860 et 1862. Cela indique une succession d'hivers peu pluvieux suivis d'un été chaud et sec.

(2) C'est peu si l'on songe que l'hiver 1916-1917 fut particulièrement pluvieux, et si on compare cette chute hivernale aux 8 et 10 mètres de neige qui tombent bon an mal an sur le Mont-Blanc.

Notons aussi que dans les Alpes le maximum de pluviosité se trouve entre les altitudes de 2.500 à 2.800 mètres. Il se pourrait bien qu'un phénomène pareil existât dans le haut Atlas de Marrakech.

LE MASSIF DU TOUBKAL

(HAUT-ATLAS)

Dans la partie occidentale du Haut-Atlas, le massif du Toubkal, au sud de Marrakech, se compose de quatre arêtes principales, à peu près parallèles : l'Ouemkrine (alt. 3.900ᵐ), l'Amsenline (3.900ᵐ), le Toubkal (4.100ᵐ) et l'Ouaoulga (altitude indéterminée). Le massif est entièrement volcanique et granitique. Des cimes déchiquetées, des abrupts imposants le distinguent de ses voisins, dont le modelé est moins aigu

C'est un nœud orographique important, près de l'amorce de la transversale qui contient le djebel Siroua. Quatre torrents y prennent naissance : l'Ourika et le Riraya, affluents de l'oued Tensift, l'Agoundis, affluent de l'oued Nefis, et le Tifnout, origine de l'oued Sous.

La carte ci-dessus n'est qu'approximative : elle a été dressée uniquement sur des levés à vue, sans aucune mesure géodésique ni astronomique.

exact toutes les années. Heureusement pour les cultures des Berbères de l'Atlas, que les réserves neigeuses ne sont pas seules à alimenter les torrents; outre les fissures des régions granitiques, les immenses pierriers, les cônes d'éboulis au-dessous des couloirs d'avalanches, ou les talus de pierres tombées au pied des grands abrupts constituent aussi de remarquables réservoirs aquifères.

A partir du col de Tizi-Nzaout, nous entrons dans un territoire soumis depuis longtemps à l'influence du caïd des Goundafa. La vallée est étroite, fraîche, pittoresque. Pas de ces évasements propices à l'extension des cultures et à l'épanouissement des villages. Au contraire, elle présente, surtout dans sa partie supérieure, des gorges, des étranglements et des seuils. Né sur les hautes cimes du massif, l'Agoundis, qui ne tarit jamais, est le plus important et le plus régulier des affluents de l'oued Nfis.

Malgré la raideur des pentes, une douzaine de villages se sont implantés le long du torrent. Celui où la nuit nous surprend porte le nom des anciens rois de Numidie, Aït-Youb (fils de Juba). Un bois de noyers l'environne. Le cheikh n'habite pas là. On a couru le prévenir. Le pauvre homme ignorait notre voyage; il accourt, il s'excuse de son mieux, il nous fait apporter tout ce qu'il peut trouver dans le hameau pour nous et nos montures, il s'empresse et se multiplie. Plus tard nous apprîmes que le fils du caïd des Goundafas, remplaçant son père absent, avait bien reçu les lettres que l'autorité militaire de Marrakech lui avait envoyées, mais il avait jugé opportun de ne pas s'en soucier. Sottise ? Négligence ? Peut-être. Peut-être aussi fut-il ravi de montrer qu'il était un allié indépendant et non un vassal soumis.

19 juillet.

Encore une fois, la nécessité de faire referrer nos mulets nous oblige à retarder d'une heure notre départ. M. Leroy et moi en profitons pour descendre au bord du torrent qui mugit à cent mètres au-dessous du village. Le raidillon s'insinue sous de superbes noyers; il aboutit à un pont rustique formé de deux troncs juxtaposés sous lequel bondit l'Agoundis. L'écume des cascades s'élève en vapeur et le contre-jour irise cette poussière d'eau de couleurs magnifiques. Ce n'est plus l'Afrique, c'est un coin du Dauphiné; par surcroît, M. Leroy découvre avec émotion la flore quasi complète des bords de ruisseaux de France. A chaque fleur reconnue il pousse des cris de joie, à la stupéfaction d'un naturel des Aït-Youb dépêché pour nous dire que le convoi était prêt.

Que dirait-on d'un propriétaire qui, pour aller au bout de son jardin, et pour éviter quelques ronces et passages boueux, escaladerait le mur du voisin, passerait dans les plates-bandes dudit voisin, et à nouveau refranchirait le mur mitoyen ? C'est exactement ce que nous fîmes en suivant le sentier muletier qui joint la haute et la basse vallée de l'Agoundis, autrement dit Aït-Youb (altitude 1.970 ᵐ) à Ijoukaï (altitude 1.250 ᵐ), distants d'environ douze kilomètres. Pour éviter quelques pas difficiles, la piste traverse péniblement la montagne, emprunte une autre vallée et revient dans l'Agoundis. Elle part de la cote 1.790, passe le col de Tizi-Tifourikht à 2.400 mètres, traverse le village de Tachguel à 1.600 mètres, remonte à la cote 1.900 mètres pour redescendre à 1.200 mètres. Les chevaux étaient exténués.

Les dépôts travertineux de l'Assif Tindouden, au-dessous de la fraîche source de ce nom, marquent la fin des roches éruptives. Nous entrons dans une formation géologique nouvelle; des schistes d'abord, puis des alternances de grès et d'argiles, ces dernières en masses puissantes. Tizi-Tifourikht passe dans l'échancrure d'une crête gréseuse. Dans la vallée de l'Assif Amsgroun, que nous allions emprunter pendant plus de trois heures, la végétation est différente; ce n'est pas encore la broussaille méditerranéenne, comme elle existe sur les pentes avoisinant Asni dans le Riraya, et sur les flancs du Tagouramt, près d'Amismiz, mais les graminées sont plus nombreuses et le cyste apparaît. Un beau peuplement de chênes verts garnit les pentes exposées au nord du djebel Tifourikht. Quelques troupeaux de chèvres et moutons.

Nous nous arrêtons au village de Tachguel, où des œufs et du lait nous sont préparés. La chaleur est torride (1). Un seul de nos hommes observe encore le jeûne. Les autres avouent l'avoir enfreint depuis la visite de l'Ifni. Ils n'ont pas l'air contrits le moins du monde. Au Maroc les prescriptions coraniques sont moins respectées qu'en Algérie; la plupart des villages de l'Atlas n'ont pas

(1) J'ai eu la curiosité de dresser le tableau des températures relevées durant notre voyage en les comparant avec celles observées à la même heure à Marrakech. Cette comparaison portant sur 18 observations m'a donné le chiffre de 208 mètres, dénivellation moyenne nécessaire pour obtenir un abaissement de température d'un degré. La distance de Marrakech au massif du Toubkal étant d'environ 60 kilomètres en ligne droite et d'autre part notre voyage s'étant effectué pendant une période de siroco, il ne faut attacher à ce chiffre qu'une valeur

de mosquée, c'est la salle commune de la Djemaâ qui sert de salle de prière les jours de fête.

Au delà de Tachguel, les boisements continuent. Boisements clairsemés, abîmés par l'incendie, où le chêne vert est peu à peu remplacé par le thuya. Quelques champs au milieu des clairières gardent encore les chaumes de la dernière récolte d'orge. C'est la première fois depuis notre entrée dans le massif du Toubkal que nous voyons des cultures en terres non irriguées. Une citerne recueillant l'eau d'une pente emmagasine quelques mètres cubes d'eau destinée aux troupeaux.

Nous traversons l'Agoundis à un kilomètre avant son confluent avec l'oued Nefis. C'est encore un beau ruisseau malgré les saignées innombrables qui l'épuisent, mais ce n'est plus le torrent bondissant de la haute montagne. Avec ses bouquets de lauriers-roses, les oliviers et les figuiers de ses bords, il a l'allure d'une rivière du Rharb ou de la côte algérienne. Une cigogne montant la faction sur la plus haute maison d'un village, un moulin à olives, du même type que ceux des Kabyles, complètent encore la ressemblance.

Décidément, c'est ici, à 1.250 mètres d'altitude, que finit notre

toute relative. Les altitudes, prises avec un anéroïde d'aviation, sans aucune correction, sont d'ailleurs approximatives.

Date	Heure	Température observée	Altitude	Température observée à Marrakech à la même heure	Ce qui correspond, pour abaiss. de tempér. de 1°, à une dénivellation de
14 juillet............	11	29	1.750	33	300 mètres
—	19	26	"	33	171 —
15 juillet............	7 30	19	2.450	26	273 —
—	9	12	3.100	28	160 —
—	12	10	3.550	36	115 —
16 juillet............	10	25	1.660	29	275 —
—	19	25	"	32	158 —
17 juillet............	9	21	2.290	25	432 —
—	18	29	1.600	35	175 —
18 juillet............	7	22	1.600	21	525 —
—	12	27	1.850	39	108 —
—	15	22	2.270	40	131 —
19 juillet............	7	21	1.910	26	695 —
—	13	33	1.600	40	150 —
20 juillet............	20	33	1.270	35	760 —
—	5	21	"	25	180 —
20 juillet............	12	36	1.080	37	530 —
—	17	30	2.350	37	106 —

excursion alpestre; et quand, au déclin du soleil, nous apercevons se mirant dans les flots rougeâtres de l'oued Nefis les créneaux et la porte du château-fort du caïd Goundafi, nous avons l'impression de nous retrouver dans un décor vraiment africain, après six jours passés dans le mystérieux et farouche pays des grandes cimes.

P. PENET.

Rabat, 28 juillet 1917.

Extrait de *La Revue Tunisienne*, organe de l'Institut de Carthage

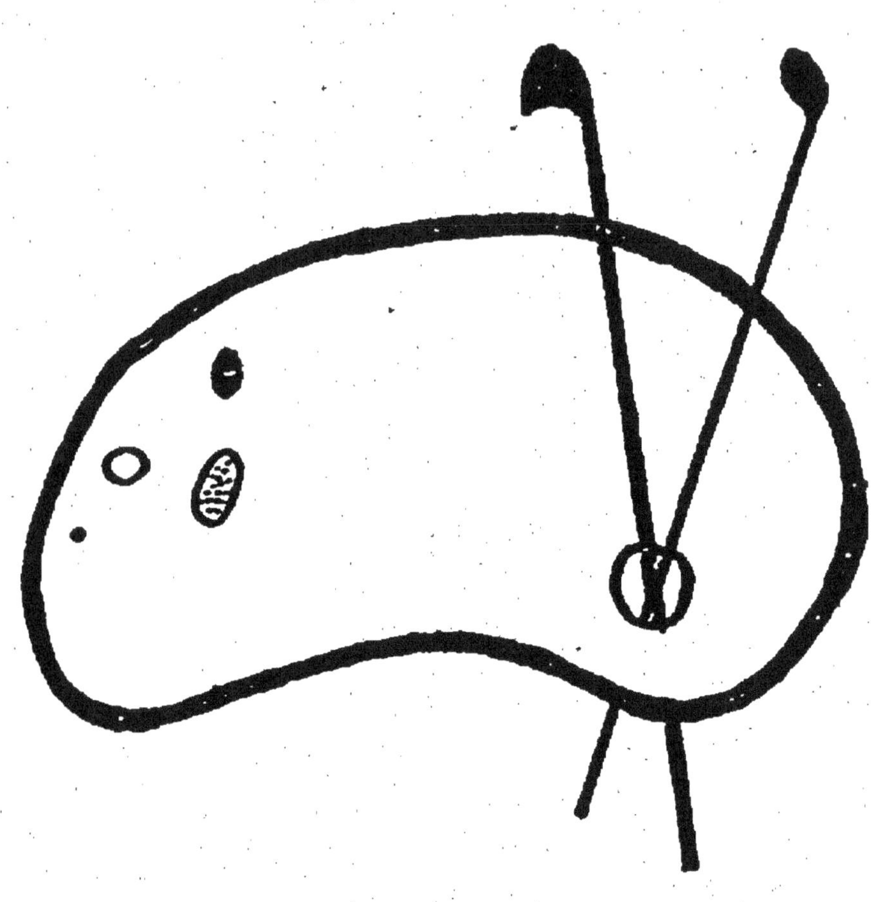